BLASEN KREBS

Ursachen, Diagnose, Behandlung und Überlebensstrategien

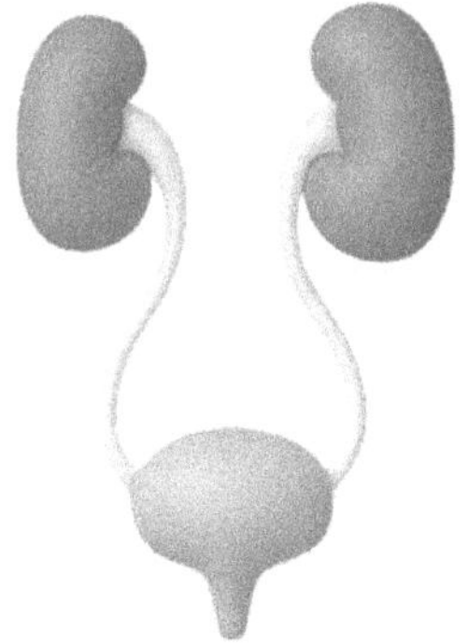

Dr. Catherine Davis

Inhaltsverzeichnis

Einführung

Die Blase verstehen

Die Blase, ein Hohlorgan im Becken, spielt eine entscheidende Rolle im Harnsystem. Sein Hauptzweck besteht darin, den von den Nieren produzierten Urin vor der Ausscheidung zurückzuhalten. Strukturell besteht die Blase aus mehreren Gewebeschichten, einschließlich der inneren Auskleidung, die als Urothel bezeichnet wird, Muskelschichten und äußerem Bindegewebe.

Beim Wasserlassen ziehen sich die Blasenmuskeln zusammen und geben den Urin über die Harnröhre ab. Dieser Mechanismus wird durch ein kompliziertes Zusammenspiel von Nerven und Muskeln reguliert und gewährleistet eine effiziente Blasenfunktion. Jede Unterbrechung dieses hochentwickelten Systems kann zu vielen

Blasenerkrankungen führen, darunter Infektionen, Urininkontinenz und vor allem Blasenkrebs.

Überblick über Blasenkrebs

Blasenkrebs ist ein Tumor, der in den Zellen der Blasenschleimhaut entsteht. Es handelt sich um eine der häufigsten bösartigen Erkrankungen des Harnsystems, wobei jedes Jahr weltweit Tausende neuer Fälle entdeckt werden. Obwohl Blasenkrebs in jedem Alter auftreten kann, tritt er häufiger bei älteren Menschen auf, insbesondere bei Menschen über 55 Jahren.

Die genaue Ursache von Blasenkrebs ist im Allgemeinen kompliziert und beruht auf einer Kombination aus genetischer Veranlagung, Umwelteinflüssen und Lebensstilfaktoren. Chronische Exposition gegenüber einigen Karzinogenen wie Tabakrauch, Industriechemikalien und bestimmten Arzneimitteln wird mit einem erhöhten Risiko für die Entwicklung von Blasenkrebs in Verbindung gebracht.

Blasenkrebs äußert sich im Allgemeinen durch Symptome wie Blut im Urin (Hämaturie), häufiges Wasserlassen, Schmerzen beim Wasserlassen und Beschwerden im Beckenbereich. Allerdings kann Blasenkrebs im Frühstadium asymptomatisch sein und zufällig bei normalen medizinischen Tests oder Vorsorgeuntersuchungen entdeckt werden.

Die Diagnose von Blasenkrebs umfasst in der Regel eine Kombination aus Anamneseerhebung, körperlicher Untersuchung, bildgebenden Verfahren (wie Ultraschall, CT-Scan oder MRT) und Urintests (einschließlich Urinzytologie und Urinkultur). Die endgültige Diagnose erfordert manchmal eine Technik namens Zystoskopie, bei der ein dünner, flexibler Schlauch mit einer Kamera in die Blase eingeführt wird, um etwaige Anomalien zu untersuchen und Gewebeproben für eine Biopsie zu entnehmen.

Sobald der Behandlungsansatz für Blasenkrebs identifiziert ist, hängt er von zahlreichen Aspekten ab, darunter vom Stadium und Grad des Krebses sowie vom allgemeinen Gesundheitszustand und den Vorlieben des Patienten. Zu den Behandlungsoptionen können eine Operation, Chemotherapie, Immuntherapie, Strahlentherapie oder eine Kombination dieser Methoden gehören.

Trotz erheblicher Durchbrüche bei der Behandlungsauswahl kann Blasenkrebs schwierig zu behandeln sein, insbesondere bei fortgeschrittener oder wiederkehrender Erkrankung. Daher konzentrieren sich die laufenden Forschungsbemühungen auf die Etablierung neuartiger Therapieoptionen, die Verbesserung von

Früherkennungsinstrumenten und insgesamt bessere Patientenergebnisse.

In den folgenden Teilen werden wir uns eingehender mit den Ursachen, Risikofaktoren, Anzeichen und Symptomen, Diagnosetools, Behandlungsoptionen und Überlebensmaßnahmen im Zusammenhang mit Blasenkrebs befassen und versuchen, umfassende Einblicke in diese komplizierte Krankheit zu geben.

Kapitel 1: Ursachen und Risikofaktoren

Genetische Faktoren

Genetische Faktoren haben einen entscheidenden Einfluss auf die Prädisposition von Menschen für Blasenkrebs. Es wurden mehrere genetische Anomalien und Varianten identifiziert, die die Neigung einer Person, an Blasenkrebs zu erkranken, erhöhen können. Diese genetischen Veränderungen können mehrere biologische Wege stören, die an der Zellentwicklung, -proliferation und den DNA-Reparatursystemen beteiligt sind.

Beispielsweise wurden Mutationen in Genen, die für Proteine kodieren, die an DNA-Reparaturmechanismen beteiligt sind, wie etwa die Tumorsuppressorgene TP53 und RB1, mit dem Wachstum von Blasenkrebs in Verbindung gebracht.

Darüber hinaus können Veränderungen in Genen, die mit der Zellzyklusregulation, Apoptose und Immunantwortwegen verbunden sind, zur Entstehung und Progression von Blasenkrebs beitragen.

Auch die Familienanamnese spielt eine wichtige Rolle bei der Bestimmung des Blasenkrebsrisikos. Personen mit einer Familie ersten Grades (Elternteil, Geschwister oder Kind), die an Blasenkrebs erkrankt sind, haben ein erhöhtes Risiko, selbst an der Krankheit zu erkranken. Dies weist auf eine mögliche erbliche Komponente der Anfälligkeit für Blasenkrebs hin, allerdings werden bestimmte genetische Mechanismen, die familiäre Blasenkrebsfälle verursachen, noch erforscht.

Umweltfaktoren

Umweltbelastungen durch krebserregende Chemikalien sind ein wesentlicher Risikofaktor für die Entstehung von Blasenkrebs. Besonders hervorzuheben ist in diesem Zusammenhang die berufliche Belastung durch bestimmte Chemikalien und Gifte. Arbeitnehmer in Branchen wie Gummiherstellung, Textilfärberei, Chemieproduktion und Druckerei haben ein erhöhtes Risiko für Blasenkrebs, da sie Chemikalien wie aromatischen Aminen, Benzol und Arsen ausgesetzt sind.

Zigarettenrauchen ist ein weiterer bekannter umweltbedingter Risikofaktor für Blasenkrebs. Tabakrauch enthält verschiedene Karzinogene, darunter aromatische Amine und polyzyklische aromatische Kohlenwasserstoffe, die in den Blutkreislauf aufgenommen und im Urin ausgeschieden werden können. Diese Karzinogene kommen in engen Kontakt mit der Blasenschleimhaut und erhöhen die Wahrscheinlichkeit einer DNA-Schädigung und einer bösartigen Transformation der Blasenzellen.

Zu den weiteren Umweltfaktoren, die mit dem Risiko für Blasenkrebs in Zusammenhang stehen, gehören die Einnahme bestimmter Medikamente wie Cyclophosphamid und Phenacetin sowie wiederkehrende Harnwegsinfektionen und Blasenentzündungen. Darüber hinaus wurden die Aufnahme von kontaminiertem Wasser und die Exposition gegenüber Arsen im Trinkwasser in bestimmten geografischen Regionen mit einem erhöhten Risiko für Blasenkrebs in Verbindung gebracht.

Lebensstilfaktoren

Mehrere Lebensstilvariablen wurden mit der Entstehung von Blasenkrebs in Verbindung gebracht. Schlechte Ernährungsgewohnheiten, die sich in einer unzureichenden Aufnahme von Obst und Gemüse sowie einem hohen Verzehr von verarbeiteten Lebensmitteln äußern, können zu einem erhöhten Risiko für Blasenkrebs beitragen. Es wurde festgestellt, dass eine Ernährung, die reich an Antioxidantien und sekundären Pflanzenstoffen ist, präventive Vorteile gegen die Entstehung von Krebs, einschließlich Blasenkrebs, hat.

Chronische Dehydrierung und schlechte Flüssigkeitsaufnahme können möglicherweise eine Rolle beim Blasenkrebsrisiko spielen. Eine unzureichende Flüssigkeitszufuhr kann zu konzentriertem Urin führen, was die Konzentration und Dauer der Exposition der Blasenzellen gegenüber den im Urin vorhandenen Karzinogenen erhöhen kann.

Darüber hinaus werden Fettleibigkeit und körperliche Inaktivität mit einem erhöhten Risiko für Blasenkrebs in Verbindung gebracht. Fettgewebe setzt entzündliche Zytokine und Hormone frei, die das Tumorwachstum und die Tumorprogression fördern können. Darüber hinaus können bei übergewichtigen oder fettleibigen Personen Anomalien in den Insulinsignalwegen auftreten, die zur Entstehung von Krebs führen können.

Blasenkrebs ist eine komplexe Krankheit, die durch eine Mischung aus erblichen, umweltbedingten und Lebensstilfaktoren verursacht wird. Das Verständnis dieser Risikofaktoren ist für die Umsetzung vorbeugender Maßnahmen und die Entwicklung maßgeschneiderter Interventionen von entscheidender Bedeutung, um die Belastung des

Einzelnen und der Gesellschaft als Ganzes durch Blasenkrebs zu verringern.

Kapitel 2: Anzeichen und Symptome

Frühwarnzeichen

Das Erkennen der Frühwarnsignale von Blasenkrebs ist für eine schnelle Diagnose und Behandlung von entscheidender Bedeutung. Während die Symptome von Person zu Person unterschiedlich sein können, sind einige häufige Frühmarker:

1. Hämaturie (Blut im Urin): Eines der häufigsten frühen Anzeichen von Blasenkrebs ist das Vorhandensein von Blut im Urin (Hämaturie). Dies kann als rosa, purpurroter oder colafarbener Urin erscheinen und gelegentlich oder häufig auftreten.

2. Veränderungen im Urinmuster: Personen mit Blasenkrebs können unter Veränderungen ihres Urinmusters leiden, wie z. B. erhöhter Harndrang, Harndrang (plötzlicher und intensiver Harndrang) und Dysurie (schmerzhafter Harndrang).

3. Beckenschmerzen oder -beschwerden: Bei manchen Personen können Beckenschmerzen oder -beschwerden auftreten, die leicht bis schwer sein können und chronisch oder intermittierend sein können.

4. Harnwegsinfektionen (HWI): Wiederkehrende Harnwegsinfektionen, insbesondere wenn keine anderen Risikofaktoren vorliegen, können ein Frühindikator für Blasenkrebs sein. Harnwegsinfekte, die auf Routinetherapien nicht ansprechen oder häufig auftreten, sollten einer weiteren Abklärung bedürfen.

5. Unerklärlicher Gewichtsverlust: Unter bestimmten Umständen kann es zu einem unerklärlichen Gewichtsverlust kommen, der auf krebsbedingte Stoffwechselveränderungen oder einen verminderten Appetit aufgrund von Unwohlsein oder Leiden zurückzuführen ist.

Fortgeschrittene Symptome

Mit zunehmendem Blasenkrebs können die Symptome stärker hervortreten und umfassen:

1. Schwere Hämaturie: Fortgeschrittener Blasenkrebs kann zu erheblichen Blutungen im Urin führen, was zu sichtbaren Blutgerinnseln oder Anämie (niedrige Anzahl roter Blutkörperchen) führen kann.

2. Schmerzhaftes Wasserlassen: Wenn der Tumor wächst und die Harnwege verstopft, kann es beim Patienten zu verstärkten Beschwerden oder einem brennenden Gefühl beim Wasserlassen kommen.

3. Becken- oder Rückenschmerzen: Fortgeschrittener Blasenkrebs kann Becken- oder Rückenschmerzen hervorrufen, die sich mit der Zeit verstärken und von anderen Symptomen wie Knochenschmerzen begleitet sein können (wenn sich der Krebs auf die Knochen ausgebreitet hat).

4. Harnwegsobstruktion: Unter bestimmten Umständen kann Blasenkrebs den Urinfluss einschränken, was zu einer Harnverhaltung (Unfähigkeit, die Blase vollständig zu entleeren) führt, was zu Beschwerden führen und das Risiko von Harnwegsinfektionen erhöhen kann.

5. Schwellung in den Unterschenkeln: Wenn Blasenkrebs den Urinfluss behindert, kann es zu Schwellungen (Ödemen) an den Unterschenkeln kommen, was zu Flüssigkeitsansammlungen und einer Beeinträchtigung der Nierenfunktion führt.

Diagnosetest

Zur Beurteilung von Personen mit Verdacht auf Blasenkrebs können mehrere diagnostische Tests durchgeführt werden. Dazu können gehören:

1. Urinanalyse: Ein einfacher Urintest kann das Vorhandensein von Blut, abnormalen Zellen oder anderen Verbindungen aufdecken, die auf Blasenkrebs hinweisen können.

2. Bildgebende Studien: Bildgebende Verfahren wie Ultraschall, Computertomographie (CT), Magnetresonanztomographie (MRT) oder intravenöses Pyelogramm (IVP) können verwendet werden, um die Blase und die umgebenden Strukturen zu untersuchen und etwaige Anomalien zu erkennen.

3. Zystoskopie: Eine Zystoskopie ist eine Technik, bei der ein dünner, flexibler Schlauch mit einer Kamera (Zystoskop) durch die Harnröhre in die Blase eingeführt wird. Dies ermöglicht es dem Arzt, das Innere der Blase direkt zu visualisieren und eine Biopsie (Gewebeprobe) durchzuführen, wenn Anomalien festgestellt werden.

4. Biopsie: Bei der Zystoskopie kann an fraglichen Stellen in der Blase eine Gewebeprobe (Biopsie) zur weiteren Untersuchung unter dem Mikroskop entnommen werden. Dies hilft, die Diagnose von Blasenkrebs zu bestätigen und seine Art und sein Stadium zu bestimmen.

5. Urinzytologie: Die Urinzytologie umfasst die Untersuchung von Urinproben unter einem Mikroskop, um festzustellen, ob abnormale Zellen aus der Blasenschleimhaut austreten. Die Urinzytologie ist zwar nicht so empfindlich wie andere Tests, kann aber bei der Erkennung von Blasenkrebs hilfreich sein, insbesondere bei hochgradigen Tumoren.

Das Erkennen der Anzeichen und Symptome von Blasenkrebs, insbesondere im Frühstadium, ist für eine rechtzeitige Diagnose und Behandlung von entscheidender Bedeutung. Diagnostische Tests spielen eine wichtige Rolle bei der Überprüfung des Vorliegens von Blasenkrebs und bei der

Entscheidungsfindung bei der optimalen Therapie. Eine frühzeitige Erkennung und Pflege kann die Ergebnisse für Personen, die von dieser Erkrankung betroffen sind, erheblich verbessern.

Nicht-invasiver Blasenkrebs

Unter nicht-invasivem Blasenkrebs versteht man Tumore, die auf die innere Auskleidung der Blase (Urothel) beschränkt sind und nicht in die Muskelschicht oder das angrenzende Gewebe eingedrungen sind. Diese Form von Blasenkrebs wird oft entweder als nicht-muskelinvasiver Blasenkrebs (NMIBC) oder als Carcinoma in situ (CIS) klassifiziert.

1.   **Nicht-muskelinvasiver   Blasenkrebs (NMIBC):**NMIBC macht die Mehrzahl der Fälle von Blasenkrebs aus und umfasst Tumoren, die auf das Urothel (innerste Schicht der Blase) beschränkt sind. Diese Tumoren können aufgrund ihrer Aggressivität

und der Wahrscheinlichkeit eines erneuten Auftretens und Fortschreitens als niedriggradig oder hochgradig eingestuft werden.

- Niedriggradige Ta/T1-Tumoren: Diese Tumoren wachsen normalerweise langsam und haben ein geringeres Risiko für ein Wiederauftreten und Fortschreiten. Die Behandlung kann eine transurethrale Resektion des Blasentumors (TURBT) umfassen, gefolgt von einer intravesikalen Therapie (Instillation von Chemotherapeutika oder Immuntherapeutika in die Blase), um das Risiko eines erneuten Auftretens zu verringern.

- Hochgradige Ta/T1-Tumoren: Hochgradige Tumoren sind aggressiver und haben eine höhere Wahrscheinlichkeit eines erneuten Auftretens und einer Progression zu einer invasiven Erkrankung. Die Behandlung umfasst häufig eine TURBT, gefolgt von einer intravesikalen Behandlung oder, in seltenen Fällen, einer frühen Zystektomie (chirurgische Entfernung der Blase), um ein Fortschreiten der Krankheit zu verhindern.

2. Carcinoma in Situ (CIS): CIS ist eine hochgradige Form des nicht-invasiven Blasenkrebses, der durch das Vorhandensein anomaler Zellen gekennzeichnet ist, die auf das Urothel beschränkt sind. Obwohl CIS nicht in den Blasenmuskel eindringt, besteht ein erhebliches Risiko, dass es zu einer invasiven Erkrankung führt, wenn es nicht behandelt wird. Die Behandlung kann je nach Ausmaß und Aggressivität der Erkrankung eine intravesikale Behandlung oder eine frühe Zystektomie umfassen.

Invasiver Blasenkrebs

Unter invasivem Blasenkrebs versteht man Krebserkrankungen, die die Muskelschicht der Blasenwand durchbrochen haben und sich in umliegende Gewebe oder Organe ausbreiten können. Diese Art von Blasenkrebs ist aggressiver und birgt ein höheres Risiko einer Metastasierung (Ausbreitung in andere Körperregionen). Invasiver Blasenkrebs wird häufig basierend auf dem Ausmaß der Invasion und den histologischen Merkmalen in zahlreiche Untergruppen eingeteilt.

1. Muskelinvasiver Blasenkrebs (MIBC): MIBC macht einen geringeren Prozentsatz der Blasenkrebspatienten aus, ist jedoch im Vergleich zu nicht-invasiven Erkrankungen mit einer schlechteren Prognose verbunden. Diese Tumoren sind in die Muskelschicht der Blasenwand eingedrungen und können sich in benachbarte Gewebe wie Prostata, Gebärmutter oder Beckenwand ausbreiten. Die Behandlung von MIBC umfasst häufig eine radikale Zystektomie (chirurgische Entfernung der Blase) mit oder ohne präoperative Chemotherapie oder Strahlentherapie.

2. Metastasierter Blasenkrebs: Metastasierter Blasenkrebs entsteht, wenn Krebszellen von der Blase in entfernte Organe oder Lymphknoten wandern. Häufige Metastasierungsorte sind Lymphknoten, Leber, Lunge und Knochen. Metastasierter Blasenkrebs ist mit einer drastisch verkürzten Lebenserwartung verbunden und erfordert eine systemische Therapie wie Chemotherapie, Immuntherapie oder gezielte Therapie, um die Krankheit zu bewältigen und die Lebensqualität zu verbessern.

Staging-Systeme

Staging-Systeme werden zur Diagnose von Blasenkrebs in Abhängigkeit vom Ausmaß der Krankheitsausbreitung und zur Steuerung der Behandlungsoptionen eingesetzt. Die beiden am häufigsten verwendeten Stadieneinteilungsmethoden für Blasenkrebs sind das TNM-Stufeneinteilungssystem und das American Joint Committee on Cancer (AJCC)-Stufeneinteilungssystem.

1. TNM-Staging-System: Das TNM-Stufensystem klassifiziert Blasenkrebs anhand von drei Hauptfaktoren: Tumorgröße und -invasion (T), Lymphknotenbefall (N) und Fernmetastasen (M). Tumoren werden von Ta (nicht invasiv) bis T4 (invasiv) eingestuft, wobei zusätzliche

Unterkategorien den Grad der Tumorinvasion und -ausbreitung angeben.

2. AJCC-Staging-System: Das AJCC-Stufensystem integriert Informationen aus dem TNM-Stufensystem, um Blasenkrebs eine allgemeine Stadieneinteilung zuzuordnen. Die Stadien variieren von 0 (nichtinvasiv) bis IV (metastasierend), wobei weitere Unterteilungen auf der Tumorgröße, der Lymphknotenbeteiligung und der Fernmetastasierung basieren.

Eine genaue Stadieneinteilung von Blasenkrebs ist entscheidend für die Beurteilung der Prognose und die Steuerung von Therapieentscheidungen. Die multidisziplinäre Beurteilung und Stadieneinteilung kann eine Kombination aus bildgebenden Untersuchungen, Zystoskopie, Biopsie und anderen diagnostischen Tests umfassen, um das Ausmaß der

Krankheitsausbreitung zu beurteilen und die Behandlungspläne an die individuellen Bedürfnisse des Patienten anzupassen. Die frühzeitige Erkennung und frühzeitige Behandlung von Blasenkrebs sind entscheidend für die Verbesserung der Ergebnisse und die Maximierung der Überlebensraten der betroffenen Patienten.

Kapitel 4:
Behandlungsoptionen

Operation

Eine Operation ist die wichtigste Behandlungsoption bei Blasenkrebs, insbesondere bei lokalisierten Erkrankungen oder Situationen, in denen der Tumor in die Muskelschicht der Blasenwand eingedrungen ist. Je nach Stadium und Ausmaß des Krebses können verschiedene chirurgische Methoden durchgeführt werden:

1. Transurethrale Resektion eines Blasentumors (TURBT): TURBT ist eine minimalinvasive Technik, bei der ein Zystoskop durch die Harnröhre eingeführt wird. Es wird verwendet, um nicht-invasiven oder oberflächlichen Blasenkrebs zu entfernen und Gewebeproben für die Biopsie zu entnehmen.

2. Partielle Zystektomie: In bestimmten Fällen, in denen der Tumor auf einen kleinen Abschnitt der Blasenwand beschränkt ist, kann ein Teil der Blase operativ entfernt werden, wobei die Blasenfunktion erhalten bleibt.

3. Radikale Zystektomie: Bei der radikalen Zystektomie werden bei aggressivem Blasenkrebs die gesamte Blase, benachbarte Lymphknoten und umliegende Organe (wie Prostata oder Gebärmutter) operativ entfernt. Um den Harnfluss umzuleiten und die Harnkontinenz aufrechtzuerhalten, werden Harnableitungsbehandlungen wie die Rekonstruktion des Ileumkanals oder der Neoblase durchgeführt.

4. Dissektion der Beckenlymphknoten: Gleichzeitig mit der Zystektomie kann eine Lymphknotendissektion durchgeführt werden, um benachbarte Lymphknoten zu entfernen und die Ausbreitung der Malignität zu beurteilen.

Chemotherapie

Chemotherapie ist eine systemische Behandlungsstrategie, bei der Chemikalien eingesetzt werden, um Krebszellen zu eliminieren oder ihr Wachstum zu stoppen. Abhängig vom Stadium und der Schwere der bösartigen Erkrankung kann die Operation vor oder nach der Operation erfolgen. Die Chemotherapie kann auf folgende Weise eingesetzt werden:

1. Neoadjuvante Chemotherapie: Die vor der Operation verabreichte neoadjuvante Chemotherapie zielt darauf ab, den Tumor zu verkleinern, ihn operabel zu machen und die Wahrscheinlichkeit eines erneuten Auftretens der Krankheit zu minimieren.

2. Adjuvante Chemotherapie: Nach der Operation hilft eine adjuvante Chemotherapie dabei, verbleibende Krebszellen zu eliminieren und das Risiko eines erneuten Auftretens des Krebses zu senken.

3. Chemotherapie bei fortgeschrittener Erkrankung: Bei metastasiertem oder nicht resezierbarem Blasenkrebs kann eine Chemotherapie als primäre Behandlung zur Behandlung der Krankheit, zur Linderung der Symptome und zur Verbesserung der Lebensqualität eingesetzt werden.

Immuntherapie

Bei der Immuntherapie wird das Immunsystem des Körpers genutzt, um Krebszellen zu erkennen und zu bekämpfen. Die wichtigste Art der Immuntherapie bei Blasenkrebs sind Immun-Checkpoint-Inhibitoren, die Proteine blockieren, die die Immunantwort unterdrücken. Zu den wichtigsten Medikamenten, die in der Immuntherapie bei Blasenkrebs eingesetzt werden, gehören:

1. PD-1/PD-L1-Inhibitoren: Medikamente wie Pembrolizumab, Nivolumab und Atezolizumab zielen auf den PD-1/PD-L1-Signalweg ab, um die Aktivierung des Immunsystems gegen Blasenkrebszellen zu steigern.

2. Bacillus Calmette-Guérin (BCG)-Therapie: BCG ist eine Form der Immuntherapie zur Behandlung von nicht muskelinvasivem Blasenkrebs. Es wird direkt in die Blase verabreicht, um eine Immunantwort auszulösen und ein Wiederauftreten des Krebses zu verhindern.

Die Immuntherapie hat die Behandlungslandschaft bei Blasenkrebs verändert, insbesondere bei fortgeschrittenen Erkrankungen, bei denen Standardbehandlungen möglicherweise keinen Erfolg bringen.

Strahlentherapie

Bei der Strahlentherapie werden hochenergetische Strahlen eingesetzt, um Krebszellen abzutöten oder Tumore zu verkleinern. Es kann allein oder in Kombination mit einer Operation oder Chemotherapie zur Behandlung von Blasenkrebs eingesetzt werden. Eine Strahlentherapie bei Blasenkrebs kann Folgendes umfassen:

1. **Externe Strahlentherapie (EBRT):** EBRT verteilt mithilfe einer Maschine Strahlung von außerhalb des Körpers und zielt auf den Tumor und das umliegende Gewebe.

2. **Brachytherapie:** Bei der Brachytherapie werden radioaktive Quellen direkt in oder um den Tumor

herum eingeführt, wodurch der Krebsstelle hohe Strahlungsdosen zugeführt werden und gleichzeitig die Belastung des umgebenden gesunden Gewebes minimiert wird.

Die Strahlentherapie kann als primäre Behandlung von Blasenkrebs in Fällen eingesetzt werden, in denen eine Operation nicht durchführbar ist, oder als palliative Behandlung zur Linderung der Symptome und zur Verbesserung der Lebensqualität bei fortgeschrittener Erkrankung.

Gezielte Therapie

Die gezielte Therapie konzentriert sich auf spezifische molekulare Ziele, die am Wachstum und Fortschreiten von Krebs beteiligt sind. Obwohl gezielte Therapien noch nicht so häufig eingesetzt werden wie andere Therapietechniken bei Blasenkrebs, zeigen sie in bestimmten Fällen Potenzial, insbesondere bei fortgeschrittenen oder metastasierten Erkrankungen. Zu den gezielten Therapiemöglichkeiten bei Blasenkrebs können gehören:

1. FGFR-Inhibitoren: Medikamente wie Erdafitinib, die auf Mutationen oder Veränderungen des Fibroblasten-Wachstumsfaktor-Rezeptors (FGFR) abzielen, werden zur Behandlung von fortgeschrittenem Blasenkrebs untersucht.

2. EGFR-Inhibitoren: Bei bestimmten Personen mit metastasiertem Blasenkrebs können Inhibitoren des epidermalen Wachstumsfaktorrezeptors (EGFR) wie Cetuximab in Kombination mit einer Chemotherapie verabreicht werden.

3. PI3K/AKT/mTOR-Inhibitoren: Inhibitoren des PI3K/AKT/mTOR-Signalwegs werden in klinischen Studien auf ihre mögliche Beteiligung bei der Behandlung von Blasenkrebs untersucht, insbesondere bei Patienten, die gegen eine konventionelle Therapie resistent sind.

Die Möglichkeiten zur Behandlung von Blasenkrebs ändern sich ständig, wobei Fortschritte in der Chirurgie, Chemotherapie, Immuntherapie, Strahlentherapie und gezielten Therapie den Patienten neue Hoffnung geben. Multidisziplinäre Teamarbeit und maßgeschneiderte Behandlungstechniken sind entscheidend, um die Ergebnisse zu verbessern und die Lebensqualität von Menschen mit Blasenkrebs zu verbessern.

Kapitel 5: Umgang mit Nebenwirkungen

Umgang mit Nebenwirkungen der Behandlung

Der Umgang mit Nebenwirkungen ist ein entscheidender Bestandteil der Krebsbehandlung, insbesondere der Blasenkrebstherapie. Während die Nebenwirkungen einer Therapie je nach angewandter individueller Modalität variieren können, gibt es mehrere gängige Möglichkeiten, mit ihnen umzugehen:

1. Kontakt öffnen: Halten Sie bezüglich etwaiger Nebenwirkungen einen offenen und ehrlichen Kontakt mit Ihrem Arzt. Sie können Anweisungen und Unterstützung geben und sogar Ihren

Behandlungsplan ändern, um Beschwerden zu minimieren.

2. Symptommanagement: Arbeiten Sie mit Ihrem Arzt zusammen, um bestimmte Nebenwirkungen wie Übelkeit, Erschöpfung, Unwohlsein und Schwierigkeiten beim Wasserlassen zu behandeln. Zur Linderung der Symptome können Medikamente, Anpassungen des Lebensstils und unterstützende Therapien (z. B. Akupunktur, Massage) verschrieben werden.

3. Ernährung und Flüssigkeitszufuhr: Achten Sie auf eine ausgewogene, nährstoffreiche Ernährung, um Ihre allgemeine Gesundheit und Ihr Wohlbefinden während der Behandlung zu unterstützen. Sorgen Sie für eine ausreichende Flüssigkeitszufuhr, indem Sie viel Flüssigkeit zu sich nehmen. Vermeiden Sie jedoch Alkohol und Koffein, da diese die Blase reizen können.

4. Körperliche Aktivität: Betätigen Sie sich regelmäßig körperlich, sofern dies toleriert wird, um Müdigkeit zu überwinden, die Stimmung zu heben und Kraft und Ausdauer zu erhalten. Konsultieren Sie Ihr Gesundheitsteam, bevor Sie mit einem Fitnessprogramm beginnen, und passen Sie die Aktivitäten an Ihr Energieniveau und die Nebenwirkungen der Behandlung an.

5. Emotionale Hilfe: Suchen Sie emotionale Hilfe bei Freunden, Familie, Selbsthilfegruppen oder Spezialisten für psychische Gesundheit, um mit den emotionalen Problemen bei der Diagnose und Behandlung von Blasenkrebs fertig zu werden. Das Teilen Ihrer Gefühle und Erfahrungen mit denen, die es verstehen, kann Trost und Einsicht bringen.

6. **Geist-Körper-Techniken:** Üben Sie Entspannungstechniken wie tiefes Atmen, Meditation, Yoga oder geführte Bilder, um Stress und Ängste abzubauen und das allgemeine Wohlbefinden zu steigern. Diese Ansätze können Ihnen helfen, behandlungsbedingte Herausforderungen zu bewältigen und Ihre Resilienz zu stärken.

7. Selbstfürsorge: Priorisieren Sie Aktivitäten zur Selbstfürsorge, die Ihnen Trost und Freude bereiten, egal ob Sie Zeit mit Ihren Lieben verbringen, Hobbys nachgehen oder sich kreativ betätigen. Die Berücksichtigung Ihrer emotionalen und psychischen Bedürfnisse ist ebenso wichtig wie die Kontrolle körperlicher Nebenwirkungen.

Unterstützende Pflege

Unterstützende Pflege spielt eine Schlüsselrolle bei der Minimierung von Nebenwirkungen und der Verbesserung der Lebensqualität von Personen, die eine Blasenkrebstherapie erhalten. Hier sind einige unterstützende Pflegemaßnahmen, die häufig eingesetzt werden:

1. Schmerzbehandlung: Wenn Sie aufgrund von Blasenkrebs oder seiner Behandlung Schmerzen haben, kann Ihnen Ihr medizinisches Team Medikamente oder andere Maßnahmen verschreiben, um die Beschwerden zu lindern und Ihre Lebensqualität zu verbessern.

2. Ernährungsunterstützung: Ein zertifizierter Ernährungsberater kann maßgeschneiderte Ernährungsberatung geben, die Ihnen hilft, eine ausreichende Nahrungsaufnahme aufrechtzuerhalten, behandlungsbedingte Nebenwirkungen (wie Übelkeit und Geschmacksveränderungen) zu bewältigen und die allgemeine Gesundheit und das Wohlbefinden zu unterstützen.

3. Physiotherapie: Physiotherapeuten können Übungen, Dehnübungen und Strategien zur Verbesserung der Beweglichkeit, Kraft und Funktion während und nach der Behandlung von Blasenkrebs anbieten. Sie können auch bestimmte Erkrankungen wie Harninkontinenz oder Funktionsstörungen des Beckenbodens behandeln.

4. Psychosoziale Unterstützung: Psychosoziale Unterstützungsdienste, einschließlich Beratung,

Selbsthilfegruppen und Ressourcen zur Bewältigung von Stress, Angstzuständen und Depressionen, können Ihnen dabei helfen, die emotionalen Hindernisse bei der Diagnose und Behandlung von Blasenkrebs zu bewältigen.

5. Palliativpflege: Palliativmediziner konzentrieren sich auf die Linderung von Symptomen, die Schmerzbehandlung und die Verbesserung der Lebensqualität von Menschen mit schweren Krankheiten wie Blasenkrebs. Palliativpflege kann mit kurativer Behandlung durchgeführt werden und ist nicht auf die Sterbebegleitung beschränkt.

6. Kontinuierliche Überwachung und Nachverfolgung: Regelmäßige Folgekonsultationen mit Ihrem Gesundheitsteam sind von entscheidender Bedeutung, um das Ansprechen auf die Behandlung zu überwachen, Nebenwirkungen zu bewältigen und neue oder anhaltende Probleme zu lösen. Diese Termine ermöglichen eine fortlaufende Beurteilung und Überarbeitung Ihres Pflegeplans bei Bedarf.

Die Minimierung von Nebenwirkungen und die Bereitstellung unterstützender Pflege sind wichtige Bestandteile der Behandlung von Blasenkrebs.

Kapitel 6: Leben mit Blasenkrebs

Änderungen des Lebensstils

Das Leben mit Blasenkrebs erfordert häufig eine Änderung des Lebensstils, um die Gesundheit zu maximieren, die Symptome zu lindern und das allgemeine Wohlbefinden zu unterstützen. Hier sind einige Anpassungen des Lebensstils, die Patienten mit Blasenkrebs zugute kommen können:

1. Mit dem Rauchen aufhören: Wenn Sie rauchen, ist das Aufhören eine der wichtigsten Maßnahmen, die Sie ergreifen können, um Ihre Gesundheit zu verbessern und das Risiko eines erneuten Auftretens von Krebs zu senken. Auch die Raucherentwöhnung kann die Effizienz der Behandlung von Blasenkrebs steigern und das Risiko von Problemen senken.

2. Gesunde Ernährung: Eine ausgewogene Ernährung mit viel Obst, Gemüse, Vollkornprodukten und magerem Eiweiß kann die notwendigen Nährstoffe liefern und die allgemeine Gesundheit unterstützen. Auch die Einschränkung des Konsums von Fertiggerichten, rotem Fleisch und Alkohol kann von Vorteil sein.

3. Bleiben Sie hydriert: Das Trinken ausreichender Flüssigkeiten, insbesondere Wasser, kann zur Aufrechterhaltung der Flüssigkeitszufuhr und zur Unterstützung der Blasengesundheit beitragen. Personen mit Blasenkrebs müssen jedoch möglicherweise einige Getränke (wie Alkohol, Koffein und Zitrussäfte) meiden, die die Blase reizen und die Symptome verstärken könnten.

4. Treiben Sie regelmäßig Sport: Regelmäßige körperliche Aktivität wie Spazierengehen,

Schwimmen oder Yoga kann dazu beitragen, das Energieniveau zu steigern, Stress abzubauen und das allgemeine Wohlbefinden zu verbessern. Sprechen Sie mit Ihrem medizinischen Personal über geeignete Trainingsoptionen, die auf Ihrem Gesundheitszustand und Ihrem Behandlungsplan basieren.

5. Stress bewältigen: Chronischer Stress kann die körperliche und emotionale Gesundheit erheblich schädigen. Daher ist es von entscheidender Bedeutung, wirksame Techniken zur Stressbewältigung zu finden. Entspannungstechniken, Achtsamkeitsmeditation und die Teilnahme an angenehmen Aktivitäten können helfen, Stress abzubauen und die Entspannung zu fördern.

6. Halten Sie ein gesundes Gewicht: Die Aufrechterhaltung eines gesunden Gewichts durch Ernährung und Bewegung kann dazu beitragen, das Risiko eines erneuten Auftretens von Krebs zu verringern, die Behandlungsergebnisse zu verbessern und die allgemeine Gesundheit und das Wohlbefinden zu unterstützen.

Das seelische Wohl

Emotionales Wohlbefinden ist ein entscheidender Faktor im Leben mit Blasenkrebs und kann die Lebensqualität dramatisch beeinträchtigen. Der Umgang mit den emotionalen Problemen einer Krebsdiagnose erfordert Unterstützung, Ausdauer und Selbstfürsorge. Hier sind einige Möglichkeiten, das emotionale Wohlbefinden zu steigern:

1. Suchen Sie Unterstützung: Nehmen Sie Kontakt zu Freunden, Familienmitgliedern, Selbsthilfegruppen oder Experten für psychische Gesundheit auf, die Ihnen Empathie, Verständnis und praktische Unterstützung bieten können. Das Teilen Ihrer Gefühle und Erfahrungen mit Menschen, die ähnliche Situationen durchgemacht haben, kann beruhigend und stärkend sein.

2. Üben Sie Selbstfürsorge: Priorisieren Sie Selbstpflegeaktivitäten, die Entspannung, Vergnügen und Selbstmitgefühl fördern. Nehmen Sie an Aktivitäten teil, die Ihnen Freude bereiten, sei es, dass Sie Zeit im Freien verbringen, Hobbys nachgehen oder Achtsamkeitsmeditation praktizieren.

3. Bleiben Sie auf dem Laufenden: Informieren Sie sich über Blasenkrebs, Behandlungsmöglichkeiten und Selbstpflegepraktiken, um sich selbst zu stärken und fundierte Entscheidungen über Ihre Gesundheitsversorgung zu treffen. Seien Sie sich jedoch der Informationsüberflutung bewusst und suchen Sie nach glaubwürdigen Informationsquellen.

4. Drücken Sie sich aus: Das Ausdrücken Ihrer Gedanken, Gefühle und Sorgen durch Tagebuchschreiben, Malen oder kreative Aktivitäten kann therapeutisch sein und Ihnen helfen, die mit Ihrer Krebsreise verbundenen Emotionen zu verarbeiten.

5. Gehen Sie auf psychische Gesundheitsbedürfnisse ein: Wenn Sie Anzeichen von Angstzuständen, Depressionen oder anderen psychischen Problemen verspüren, zögern Sie nicht, fachkundige Hilfe in Anspruch zu nehmen. Spezialisten für psychische Gesundheit können Beratung, Therapie oder Medikamenteneinnahme anbieten, um Ihr emotionales Wohlbefinden zu unterstützen.

Support-Ressourcen

Der Zugriff auf unterstützende Ressourcen und Dienste kann Ihnen während Ihrer Reise zum Blasenkrebs praktische Hilfe, Wissen und emotionale Unterstützung bieten. Hier sind einige Ressourcen, die Sie berücksichtigen sollten:

1.Krebsunterstützungsorganisationen: Organisatio nen wie die American Cancer Society, CancerCare und das Bladder Cancer Advocacy Network (BCAN) bieten eine breite Palette von Ressourcen an, darunter Lehrmaterialien, Selbsthilfegruppen und finanzielle Hilfsprogramme.

2. Online-Communitys: Online-Foren, Social-Media-Gruppen und virtuelle Support-Communitys bieten die Möglichkeit, mit anderen von Blasenkrebs betroffenen Personen zu interagieren, Erfahrungen auszutauschen und sich gegenseitig zu unterstützen.

3. Patientennavigatoren: Patientennavigatoren oder Onkologie-Sozialarbeiter können Ihnen dabei helfen, sich im Gesundheitssystem zurechtzufinden, Ressourcen zu finden und die Pflege während Ihrer Behandlung von Blasenkrebs zu koordinieren.

4. Klinische Studien: Klinische Studien bieten Menschen mit Blasenkrebs Zugang zu bahnbrechenden Therapien und Forschungsmöglichkeiten. Sprechen Sie mit Ihrem medizinischen Team darüber, ob die Teilnahme an einer klinischen Studie für Sie in Frage kommt.

5. Unterstützende Pflegedienste: Palliativpflege und unterstützende Pflegedienste konzentrieren sich auf die Behandlung von Symptomen, die Verbesserung der Lebensqualität und die Berücksichtigung der psychosozialen Bedürfnisse von Krebspatienten und ihren Familien.

Das Leben mit Blasenkrebs erfordert eine ganzheitliche Strategie, die körperliche, emotionale und praktische Belange berücksichtigt. Durch Änderungen des Lebensstils, die Priorisierung des psychischen Wohlbefindens und den Zugriff auf Unterstützungsnetzwerke können Menschen mit Blasenkrebs ihre Lebensqualität verbessern und ihre Krebserfahrung mit Belastbarkeit und Selbstverantwortung meistern.

Kapitel 7: Überleben und Nachsorge

Langzeitüberwachung

Überlebens- und Nachbetreuung sind entscheidende Bestandteile der Kontinuität der Versorgung von Personen, die die Behandlung von Blasenkrebs abgeschlossen haben. Die Langzeitüberwachung umfasst regelmäßige Folgekonsultationen mit Gesundheitsexperten, um das Wiederauftreten zu überprüfen, Spätfolgen der Therapie zu bewältigen und anhaltende Gesundheitsprobleme anzugehen. Hier sind einige wichtige Komponenten der Langzeitüberwachung für Überlebende von Blasenkrebs:

1. Folgeprogramm: Ihr Gesundheitsteam wird ein Nachsorgeprogramm entwickeln, das auf dem

Stadium und der Art des Blasenkrebses, der erhaltenen Behandlung und den individuellen Risikofaktoren basiert. Folgetermine können zunächst häufiger stattfinden und im Laufe der Zeit schrittweise erfolgen.

2. Körperliche Untersuchungen: Regelmäßige körperliche Untersuchungen, einschließlich gynäkologischer Untersuchungen und Sondierungen des Abdomens, helfen Gesundheitsdienstleistern bei der Überwachung auf Anzeichen eines Wiederauftretens oder Fortschreitens von Blasenkrebs. Ihr Gesundheitsteam führt im Rahmen der Beurteilung möglicherweise auch Standardblutuntersuchungen und bildgebende Untersuchungen durch.

3. Zystoskopie: Die Zystoskopie ist eine wichtige Methode zur Überwachung des Wiederauftretens von

Blasenkrebs. In regelmäßigen Abständen können Folgezystoskopien durchgeführt werden, um das Innere der Blase sichtbar zu machen und auf abnormale Wucherungen oder Veränderungen in der Blasenschleimhaut zu untersuchen.

4. Bildgebende Untersuchungen: Abhängig von Ihren individuellen Umständen können bildgebende Untersuchungen wie CT-Scans, MRT-Scans oder Ultraschall angezeigt sein, um die Blase, die Nieren und die umgebenden Strukturen auf Anzeichen eines erneuten Auftretens oder einer Metastasierung zu untersuchen.

5. Urintests: Regelmäßige Urintests, einschließlich Urinzytologie und Urinanalyse, können durchgeführt werden, um abnormale Zellen oder Symptome eines erneuten Auftretens von Blasenkrebs festzustellen.

6. Symptomüberwachung: Achten Sie auf neue oder anhaltende Symptome wie Blut im Urin, Harnveränderungen, Beckenschmerzen oder unerklärlichen Gewichtsverlust. Melden Sie alle besorgniserregenden Symptome umgehend Ihrem Gesundheitsteam zur weiteren Untersuchung.

Vorsichtsmaßnahmen

Zusätzlich zur regelmäßigen Überwachung können Überlebende von Blasenkrebs proaktive Maßnahmen ergreifen, um das Risiko eines erneuten Auftretens der Krebserkrankung zu verringern und die allgemeine Gesundheit und das Wohlbefinden zu fördern. Hier sind einige vorbeugende Maßnahmen, die Sie in Betracht ziehen sollten:

1. Raucherentwöhnung: Wenn Sie rauchen, ist die Raucherentwöhnung einer der wichtigsten Schritte, die Sie unternehmen können, um das Risiko eines erneuten Auftretens von Blasenkrebs zu verringern und die allgemeine Gesundheit zu verbessern. Vermeiden Sie nach Möglichkeit Passivrauchen und andere Umweltgifte.

2. Gesunder Lebensstil: Ein gesunder Lebensstil, der häufige Bewegung, eine ausgewogene Ernährung und die Aufrechterhaltung eines gesunden Gewichts umfasst, trägt dazu bei, das Risiko eines erneuten Auftretens von Krebs zu verringern und die allgemeine Gesundheit zu verbessern. Streben Sie eine Ernährung an, die reich an Obst, Gemüse, Vollkornprodukten und magerem Eiweiß ist, und minimieren Sie den Konsum von verarbeiteten Lebensmitteln, rotem Fleisch und Alkohol.

3. Bleiben Sie hydriert: Das Trinken reichlicher Flüssigkeiten, insbesondere Wasser, kann zur Erhaltung der Gesundheit der Harnwege beitragen und das Risiko von Blasenbeschwerden oder -infektionen verringern. Versuchen Sie, jeden Tag mindestens acht Gläser Wasser zu trinken, und vermeiden Sie übermäßigen Konsum von Koffein, Alkohol und anderen blasenreizenden Stoffen.

4. Sonnenschutz: Schützen Sie Ihre Haut vor Sonneneinstrahlung, indem Sie Sonnenschutzmittel und Schutzkleidung verwenden und im Freien Schatten aufsuchen. Bei Personen, die sich einer Blasenkrebstherapie unterzogen haben, besteht möglicherweise ein erhöhtes Risiko, an bösartigen Hauterkrankungen zu erkranken. Daher ist Sonnenschutz unbedingt erforderlich.

5. Regelmäßige ärztliche Untersuchungen:
Nehmen Sie an regelmäßigen Nachsorgegesprächen mit Ihrem Gesundheitsteam teil und nehmen Sie an empfohlenen Krebsvorsorgeuntersuchungen wie Koloskopien oder Mammographien teil, je nach Alter, Geschlecht und spezifischen Risikofaktoren.

Wiederholungsmanagement

Trotz bester Vorsorgemaßnahmen kann es zu einem erneuten Auftreten von Blasenkrebs kommen. Tritt der Krebs erneut auf, ist es wichtig, ihn schnell mit geeigneten Therapie- und Pflegemaßnahmen zu bekämpfen. Hier sind einige Überlegungen zur Behandlung des Wiederauftretens von Blasenkrebs:

1. Behandlungsmöglichkeiten: Der Behandlungsansatz bei rezidivierendem Blasenkrebs hängt von zahlreichen Aspekten ab, darunter Ort und Ausmaß des Rezidivs, frühere Behandlungen und der individuelle Gesundheitszustand. Zu den Behandlungsoptionen können eine Operation, Chemotherapie, Immuntherapie, Strahlentherapie oder eine Kombination dieser Methoden gehören.

2. Klinische Studien: Erwägen Sie die Teilnahme an klinischen Studien, in denen innovative Medikamente oder Therapiemethoden für wiederkehrenden Blasenkrebs getestet werden. Klinische Studien bieten Zugang zu bahnbrechenden Medikamenten und Forschungsmöglichkeiten, die die Ergebnisse für Personen mit wiederkehrenden Krankheiten verbessern können.

3. Multidisziplinäre Pflege: Lassen Sie sich von einem multidisziplinären Team von Gesundheitsspezialisten behandeln, die über

Fachkenntnisse in der Behandlung des Wiederauftretens von Blasenkrebs verfügen. Ihr Behandlungsplan kann eine Koordination zwischen Urologen, medizinischen Onkologen, Radioonkologen und anderen Ärzten erfordern, um die Ergebnisse und die Lebensqualität zu verbessern.

4. Unterstützende Pflege: Zusätzlich zur krebsgerichteten Therapie können unterstützende Pflegemaßnahmen dabei helfen, die Symptome zu lindern, Nebenwirkungen der Behandlung zu lindern und die Lebensqualität von Patienten mit wiederkehrendem Blasenkrebs zu verbessern. Palliativpflegedienste können ganzheitliche Unterstützung bieten, um den körperlichen, emotionalen und psychosozialen Bedürfnissen während der gesamten Krebserfahrung gerecht zu werden.

Durch die Teilnahme an regelmäßigen Überwachungsmaßnahmen, die Einführung vorbeugender Maßnahmen und die schnelle Beseitigung aller Anzeichen eines erneuten Auftretens können Überlebende von Blasenkrebs ihre Gesundheit optimieren, das Risiko eines erneuten Auftretens des Krebses verringern und die allgemeine Lebensqualität verbessern.

Kapitel 8: Fortschritte in der Blasenkrebsforschung

Neue Therapien

Fortschritte in der Blasenkrebsforschung haben zur Entwicklung neuartiger Medikamente geführt, die darauf abzielen, die Behandlungsergebnisse und die Lebensqualität der von dieser Krankheit betroffenen Personen zu verbessern. Neue Therapeutika für Blasenkrebs umfassen verschiedene Methoden, darunter Immuntherapie, gezielte Therapie, Gentherapie und innovative Arzneimittelabgabesysteme. Hier sind einige wichtige Entwicklungen in der Blasenkrebsforschung:

1. Immuntherapie: Die Immuntherapie hat sich als praktikable Behandlungsstrategie für Blasenkrebs herausgestellt, insbesondere für Personen mit fortgeschrittener oder metastasierter Erkrankung. Immun-Checkpoint-Inhibitoren wie Pembrolizumab, Atezolizumab und Nivolumab zielen auf Proteine ab, die die Immunantwort unterdrücken und es dem Immunsystem ermöglichen, Krebszellen zu erkennen und zu bekämpfen. Diese Medikamente haben sich bei der Verbesserung des Gesamtüberlebens und des progressionsfreien Überlebens bei Patienten mit fortgeschrittenem Blasenkrebs als wirksam erwiesen.

2. Gezielte Therapie: Die gezielte Therapie konzentriert sich auf spezifische molekulare Ziele, die am Wachstum und Fortschreiten von Krebs beteiligt sind. Wirkstoffe, die auf Mutationen oder Veränderungen des Fibroblasten-Wachstumsfaktor-Rezeptors (FGFR) abzielen, wie Erdafitinib und Pemigatinib, haben sich in klinischen Studien zur Behandlung von fortgeschrittenem Blasenkrebs als vielversprechend erwiesen. Weitere zielgerichtete Therapeutika, die sich in der Entwicklung befinden, umfassen Inhibitoren des PI3K/AKT/mTOR-Signalwegs und Inhibitoren des epidermalen Wachstumsfaktorrezeptors (EGFR).

3. Gentherapie: Bei der Gentherapie wird genetisches Material auf bestimmte Zellen übertragen, um deren Funktion oder Verhalten zu beeinflussen. In der Blasenkrebsforschung zielen gentherapeutische Ansätze darauf ab, das Tumorwachstum zu begrenzen, Apoptose (Zelltod) auszulösen oder die Immunantwort auf Krebszellen zu verbessern. Derzeit laufen klinische Studien zur Gentherapie bei Blasenkrebs mit vielversprechenden vorläufigen Ergebnissen.

4. Neuartige Arzneimittelabgabesysteme: Fortschritte bei Medikamentenverabreichungssystemen haben zur Entwicklung einer gezielten und lokalisierten Therapie für Blasenkrebs beigetragen. Nanopartikelbasierte Arzneimittelabgabesysteme, liposomale Formulierungen und intravesikale Arzneimittelabgabetechniken ermöglichen eine präzise Abgabe therapeutischer Arzneimittel an die Blase und begrenzen gleichzeitig systemische Nebenwirkungen. Diese neuartigen Techniken haben das Potenzial, die therapeutische Wirksamkeit zu verbessern und die behandlungsbedingte Toxizität zu verringern.

5. Kombinationsarzneimittel: Es werden Kombinationsmedikamente untersucht, die auf verschiedene Signalwege abzielen, die am Wachstum und Fortschreiten von Blasenkrebs beteiligt sind, um die therapeutische Wirksamkeit zu verbessern und Resistenzmechanismen zu überwinden. Kombinationen aus Immuntherapeutika, gezielten Behandlungen, Chemotherapie und Strahlentherapie werden in klinischen Studien untersucht, um ihre Sicherheit und Wirksamkeit bei der Behandlung von Blasenkrebs zu bestimmen.

Klinische Versuche

Klinische Studien spielen eine Schlüsselrolle bei der Förderung der Blasenkrebsforschung, indem sie neue Medikamente bewerten, neuartige Therapietechniken entwickeln und das Verständnis der Krankheitsbiologie erweitern. Die Teilnahme an klinischen Studien ermöglicht berechtigten Patienten den Zugang zu modernsten Arzneimitteln und trägt zum Fortschritt wissenschaftlicher Erkenntnisse bei.

Hier sind einige wichtige Elemente klinischer Studien zu Blasenkrebs:

1. Prüfpräparate: Klinische Studien können die Sicherheit und Wirksamkeit neuartiger Medikamente, einschließlich Immuntherapeutika, gezielter Therapien, Gentherapie und Kombinationstherapien, für verschiedene Stadien und Subtypen von Blasenkrebs untersuchen.

2. Patientenberechtigung: Die Zulassungsvoraussetzungen für klinische Studien zu Blasenkrebs variieren je nach Faktoren wie Krankheitsstadium, früher erhaltenen Therapien, Alter, Leistungsstatus und einzigartigen molekularen Eigenschaften des Tumors. Ihr Gesundheitsteam kann Ihnen bei der Beurteilung helfen, ob Sie die Qualifikationskriterien für eine bestimmte klinische Studie erfüllen.

3. Versuchsdesign: Klinische Studien können als Phase-I-, Phase-II- oder Phase-III-Studien geplant werden, wobei jede Studie eine andere Rolle bei der Prüfung von Prüfpräparaten spielt. Phase-I-Studien analysieren die Sicherheit und bestimmen die optimale Dosierung eines neuen Arzneimittels, während Phase-II-Studien die Wirksamkeit und ideale Behandlungsschemata bewerten. In Phase-III-Studien wird die neuartige Therapie im Vergleich zu einer regulären Behandlung oder einem Placebo bewertet, um ihre Wirksamkeit zu bestimmen.

4. Einverständniserklärung: Bevor Sie an einer klinischen Studie teilnehmen, erhalten Sie umfassende Informationen über die Studie, einschließlich ihres Ziels, potenzieller Risiken und Vorteile, Behandlungsverfahren und Alternativen. Sie werden gebeten, eine Einverständniserklärung abzugeben, in der Sie darlegen, dass Sie über die

Studie informiert sind und daran teilnehmen möchten.

5. Nachverfolgung und Überwachung: Während der gesamten Forschungsdauer erhalten die Teilnehmer regelmäßige medizinische Überwachung und Nachuntersuchungen, um das Ansprechen auf die Therapie zu bewerten, Nebenwirkungen zu kontrollieren und die Patientensicherheit zu gewährleisten. Für die Wirksamkeit klinischer Studien ist eine enge Kommunikation zwischen Teilnehmern und Forschungsteam von entscheidender Bedeutung.

Die Entwicklungen in der Blasenkrebsforschung verändern die Landschaft der Behandlung von Blasenkrebs rasant und bringen neue Hoffnung für die Patienten. Neue Medikamente, darunter Immuntherapie, gezielte Therapie, Gentherapie und neuartige Arzneimittelverabreichungssysteme, versprechen eine Verbesserung der Ergebnisse und der Lebensqualität der von dieser Krankheit Betroffenen. Die Teilnahme an klinischen Studien ist von entscheidender Bedeutung, um Innovationen zu fördern und den Fortschritt in der Blasenkrebsforschung und -therapie zu beschleunigen.

Kapitel 9: Persönliche Geschichten über Hoffnung und Widerstandsfähigkeit

Patientenperspektiven

Persönliche Geschichten über Hoffnung und Beharrlichkeit von Blasenkrebspatienten geben Inspiration, Ermutigung und nützliche Einblicke in die Kämpfe und Erfolge, die das Leben mit dieser Krankheit mit sich bringt. Hier sind einige herzerwärmende Erzählungen von Menschen, die Blasenkrebs mit Mut und Widerstandskraft begegnet sind:

1. Janes Reise: Bei Jane, einer lebhaften Frau in den Fünfzigern, wurde Blasenkrebs diagnostiziert, nachdem sie wiederkehrende Urinsymptome hatte. Trotz des Schocks über ihre Diagnose nahm Jane ihre

Behandlung mit Hingabe und positiver Einstellung an. Sie unterzog sich einer Operation zur Entfernung des Tumors, gefolgt von einer Chemotherapie und einer Immuntherapie. Während ihrer Reise fand Jane Kraft darin, mit Mitpatienten in Kontakt zu treten, Erfahrungen auszutauschen und sich gegenseitig in schwierigen Zeiten zu unterstützen. Heute ist Jane eine ausgesprochene Verfechterin der Sensibilisierung und Stärkung des Blasenkrebses und bringt Hoffnung und Ermutigung für andere, die ähnliche Probleme haben.

2. Markuswunder: Mark, ein engagierter Ehemann und Vater von zwei Kindern, erhielt im Alter von 40 Jahren die tragische Diagnose fortgeschrittener Blasenkrebs. Trotz der ernsten Prognose weigerte sich Mark, die Hoffnung aufzugeben und unterzog sich einem strengen Behandlungsplan, der Operation, Chemotherapie und Bestrahlung umfasste Therapie.

Während seiner Behandlung schöpfte Mark Kraft aus der Liebe und Unterstützung seiner Familie und Freunden sowie aus seinem unerschütterlichen Glauben. Allen Chancen zum Trotz hat Marks Krebs auf die Therapie angesprochen und er ist jetzt krebsfrei. Er schätzt jeden Tag als ein schönes Geschenk und teilt seine Geschichte der Stärke mit anderen.

3. Sarahs Überleben: Bei Sarah, einer pensionierten Lehrerin und begeisterten Gärtnerin, wurde bei einer regelmäßigen Untersuchung nicht-invasiver Blasenkrebs diagnostiziert. Entschlossen, die Krankheit mit Anmut und Beharrlichkeit zu bekämpfen, unterzog sich Sarah zahlreichen Operationen und intravesikalen Therapien, um den Krebs in Schach zu halten. Trotz der körperlichen und emotionalen Belastung durch ihre Therapie blieb Sarah jedem Tag voller Hoffnung und Wertschätzung entgegen. Sie suchte Zuflucht in der Natur, verbrachte Zeit in ihrem Garten und fand Schönheit und Inspiration in den einfachsten Dingen. Heute gedeiht Sarah als Überlebende von Blasenkrebs und nimmt das Leben mit Wertschätzung, Belastbarkeit und einem neuen Sinn für Zielstrebigkeit an.

Erfahrungen von Pflegekräften

Pflegekräfte spielen eine Schlüsselrolle auf dem Weg von Patienten mit Blasenkrebs und bieten Liebe, Unterstützung und praktische Hilfe während der Diagnose, Behandlung und Genesung. Hier sind einige ergreifende Beispiele von Betreuern, die ihren Lieben mit unerschütterlicher Loyalität und Mitgefühl zur Seite stehen:

1. Johns Reise als Betreuer: John, ein engagierter Ehemann und Betreuer seiner Frau Mary, wurde in den Job des Betreuers geworfen, nachdem bei Mary aggressiver Blasenkrebs diagnostiziert worden war. Trotz der Schwierigkeiten und Unsicherheiten, mit denen sie konfrontiert waren, blieb John bei jedem Schritt an Marias Seite und bot ihr unermüdliche Unterstützung, Trost und Ermutigung. Er nahm an Arztterminen teil, half bei der Verwaltung von Rezepten und leistete emotionale Unterstützung in Marys schwierigsten Momenten. Johns Hingabe und Hingabe waren für Maria eine Quelle der Kraft und Inspiration, und gemeinsam meisterten sie mit Liebe und Beharrlichkeit die Höhen und Tiefen von Marias Krebsreise.

2. Emilys Erfahrung als Tochter: Bei Emilys Mutter Margaret wurde Blasenkrebs diagnostiziert, als Emily noch ein Teenager war. Als Margarets

Hauptbetreuerin meisterte Emily den Druck von Schule, Beruf und Pflege mit Anmut und Beharrlichkeit. Sie begleitete ihre Mutter zu unzähligen Terminen, bot emotionale Unterstützung während der Behandlung und half bei der Bewältigung von Haushaltsaktivitäten und -pflichten. Trotz der Hürden bei der Pflege in jungen Jahren setzte sich Emily beharrlich für das Wohlergehen ihrer Mutter ein und fand Stärke in ihrer Verbundenheit und gemeinsamen Liebe. Margarets Standhaftigkeit und Hartnäckigkeit motivierten Emily, eine Karriere im Gesundheitswesen anzustreben, wo sie weiterhin Patienten und Betreuern hilft und sich für sie einsetzt, die mit ähnlichen Problemen zu kämpfen haben.

3. Davids Hingabe als Sohn: Davids Vater James begegnete dem Blasenkrebs mit Standhaftigkeit und Entschlossenheit, begleitet von seinem hingebungsvollen Sohn bei jedem Schritt. David übernahm die Position des Betreuers mit Bescheidenheit und Mitgefühl und stellte sicher, dass sein Vater während seiner Krebserkrankung die bestmögliche Pflege und Unterstützung erhielt. Er leistete emotionale Unterstützung, half bei der Planung von Arztbesuchen und leistete praktische Hilfe bei täglichen Aufgaben und bei der Körperpflege. Trotz der emotionalen Belastung durch die Krankheit seines Vaters setzte sich David weiterhin für das Wohlergehen seines Vaters ein, schätzte jede gemeinsame Minute und schöpfte aus der Bindung als Vater und Sohn Kraft.

Persönliche Geschichten über Hoffnung und Widerstandsfähigkeit von Blasenkrebspatienten und Betreuern erinnern uns an die Fähigkeit des menschlichen Geistes, Widrigkeiten zu überwinden, in schwierigen Umständen einen Sinn zu finden und stärker und widerstandsfähiger als je zuvor daraus hervorzugehen. Diese Geschichten dienen als Leuchtfeuer der Hoffnung und Inspiration und geben anderen, die auf ihrer Krebsreise mit ähnlichen Problemen konfrontiert sind, Ermutigung und Unterstützung.

Abschluss

Zusammenfassend bietet dieses Buch über Blasenkrebs einen umfassenden Überblick über die Erkrankung und deckt zahlreiche Bereiche ab, die vom Verständnis ihrer Ursachen und Symptome bis hin zur Analyse von Behandlungsoptionen, Überlebenschancen und persönlichen Geschichten über Hoffnung und Widerstandsfähigkeit reichen. Blasenkrebs stellt sowohl für die Betroffenen als auch für ihre Betreuer große Probleme dar, zeigt aber auch die unglaubliche Stärke und Ausdauer des menschlichen Geistes angesichts von Widrigkeiten.

Auf den Seiten dieses Buches haben die Leser Einblicke in die neuesten Durchbrüche in der Blasenkrebsforschung erhalten, darunter neue Medikamente und laufende klinische Studien, die vielversprechende Behandlungsergebnisse und Lebensqualität versprechen. Indem sie die

Komplexität von Blasenkrebs verstehen und über Fortschritte in der Diagnose, Behandlung und unterstützenden Pflege informiert bleiben, können von dieser Krankheit betroffene Menschen sich selbst in die Lage versetzen, fundierte Entscheidungen zu treffen, sich für ihre Gesundheit einzusetzen und ihre Krebsreise mit Mut und Belastbarkeit zu meistern.

Darüber hinaus dienen die auf diesen Seiten erzählten persönlichen Erfahrungen als überzeugende Erinnerung an die menschliche Erfahrung hinter den Statistiken und der technischen Nomenklatur. Von Patienten, die Blasenkrebs mit unerschütterlicher Hartnäckigkeit angegangen sind, bis hin zu Betreuern, die beharrlich Unterstützung und Liebe geleistet haben, wecken diese Erzählungen Hoffnung, schaffen Verständnis und unterstreichen die Bedeutung von Mitgefühl und Verbundenheit bei der Krebserfahrung.

Wenn wir über die kollektive Weisheit, Einsichten und Erfahrungen nachdenken, die in diesem Buch präsentiert werden, sollten wir uns daran erinnern, dass Blasenkrebs nicht nur eine Diagnose, sondern eine Reise ist – eine Reise, die von Hindernissen, Erfolgen und Momenten erstaunlicher Widerstandsfähigkeit geprägt ist. Indem wir als Gemeinschaft zusammenkommen, das Bewusstsein schärfen, Forschung finanzieren und Mitgefühl für die von Blasenkrebs Betroffenen zeigen, können wir eine Zukunft anstreben, in der jeder Mensch, bei dem diese Krankheit diagnostiziert wurde, Hoffnung, Heilung und ein neues Lebensgefühl finden kann. Gemeinsam können wir auf eine Welt hinarbeiten, in der Blasenkrebs nicht nur behandelbar, sondern vermeidbar ist und in der die Geschichte jedes Überlebenden von Hoffnung, Ausdauer und Erfolg geprägt ist.

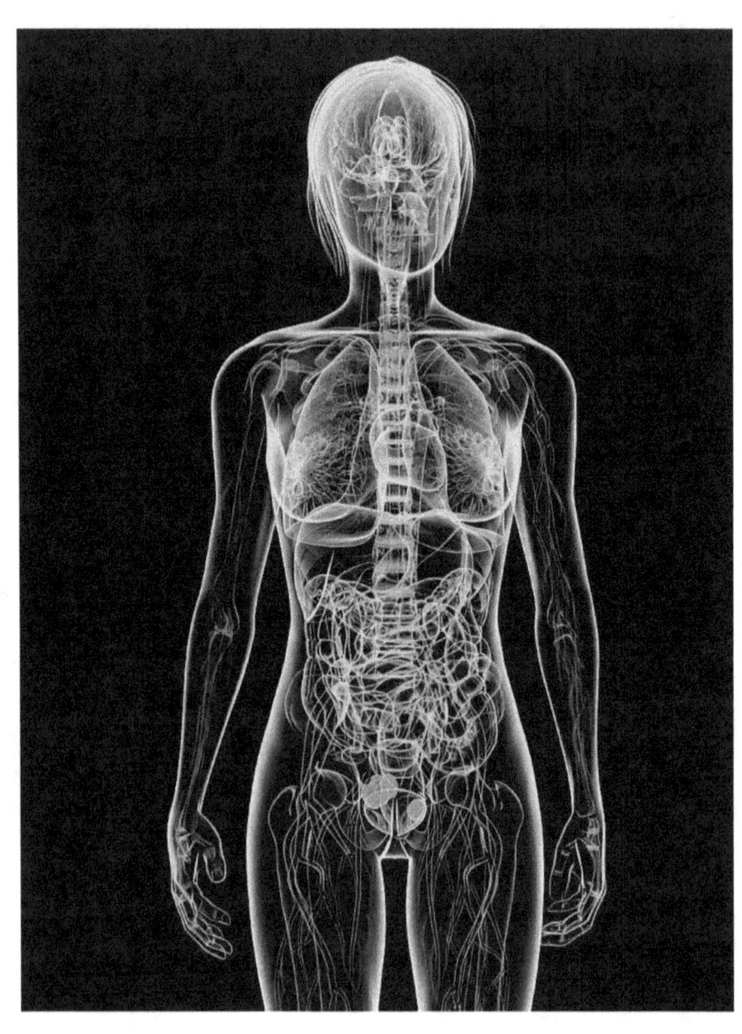